$C^1 a. 11$

NOUVEAU DICTIONNAIRE

DE PHYSIQUE.

NOUVEAU DICTIONNAIRE

DE PHYSIQUE,

RÉDIGÉ D'APRÈS LES DÉCOUVERTES LES
PLUS MODERNES.

PAR A. LIBES,

AUTEUR D'UN TRAITÉ DE PHYSIQUE,
ET PROFESSEUR AUX LYCÉES DE PARIS.

TOME QUATRIÈME

CONTENANT LES PLANCHES.

B.B. 32.8

A PARIS,

CHEZ GIGUET ET MICHAUD, IMPRIMEURS-LIBRAIRES,
RUE DES BONS-ENFANS, N°. 34.

M. DCCC. VI.

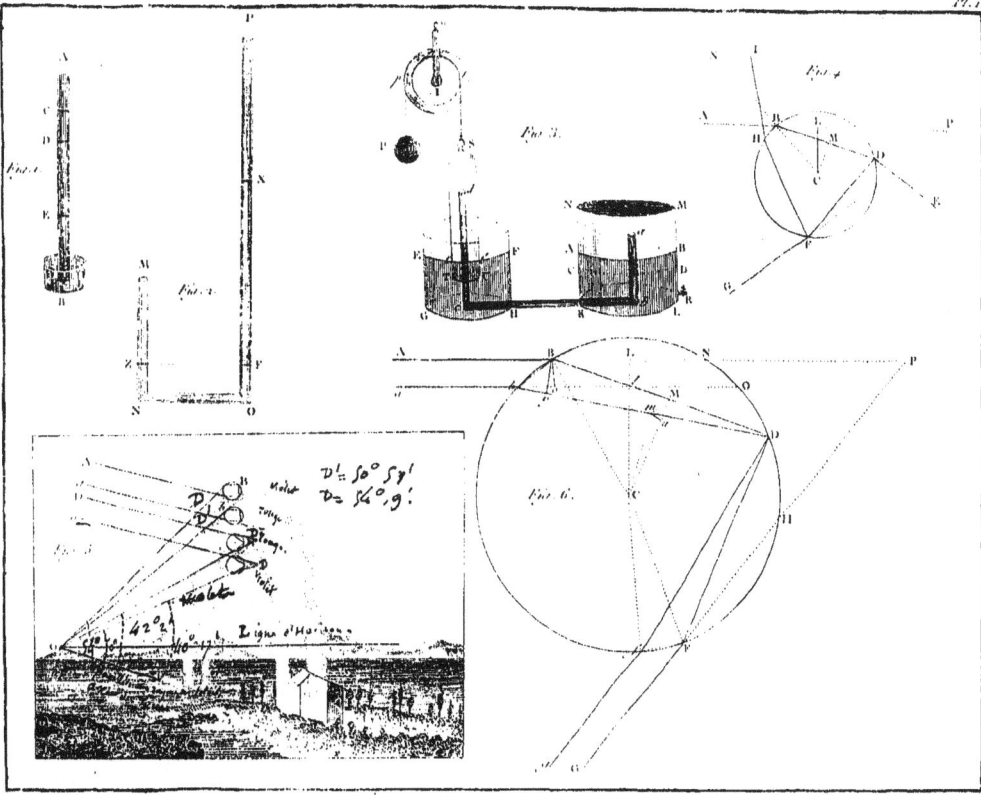

Pl. 1.

Pl. 4.

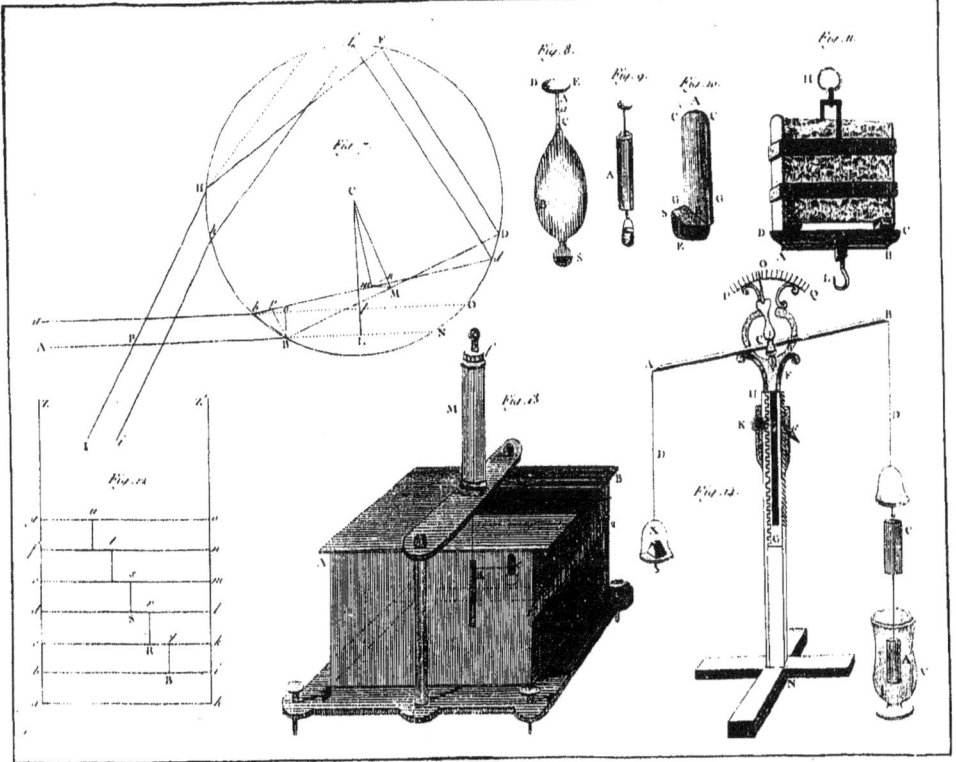

Fig. 7.

Fig. 8.

Fig. 9.

Fig. 10.

Fig. 11.

Fig. 14.

Fig. 12.

Fig. 13.

Fig. 18.

Fig. 15.

Fig. 16.

Fig. 17.

Fig. 19.

Fig. 20.

Fig. 21.

Fig. 22.

Fig. 23.

Fig. 24.

Fig. 25.

Pl. 5

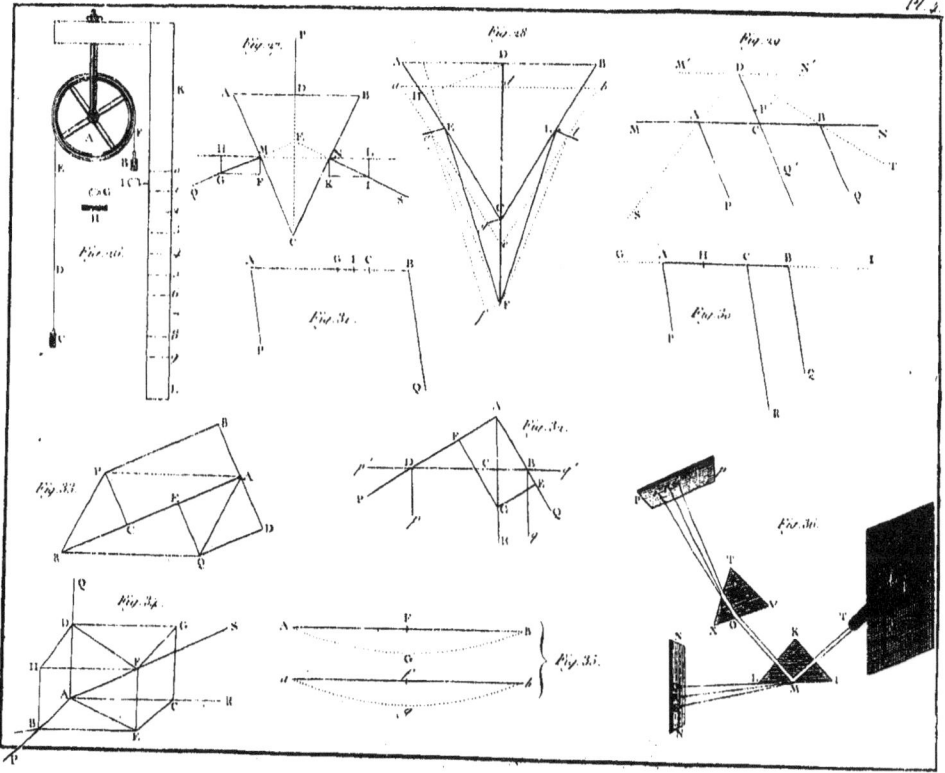

Pl. 5.

Fig. 37.

Fig. 38.

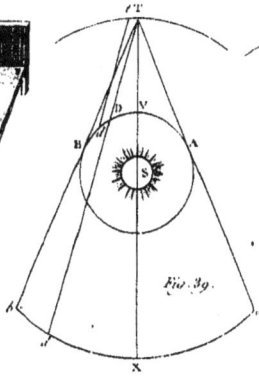

Fig. 39.

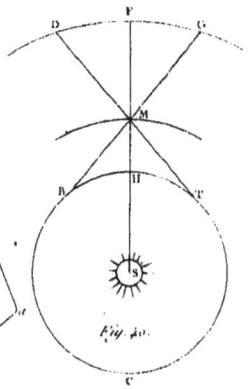

Fig. 40.

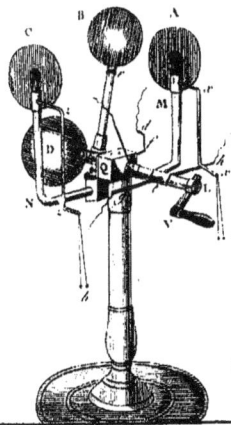

Fig. 41.

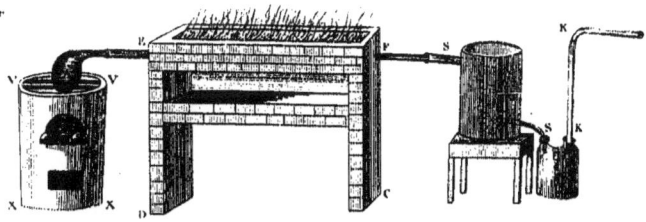

Fig. 42.

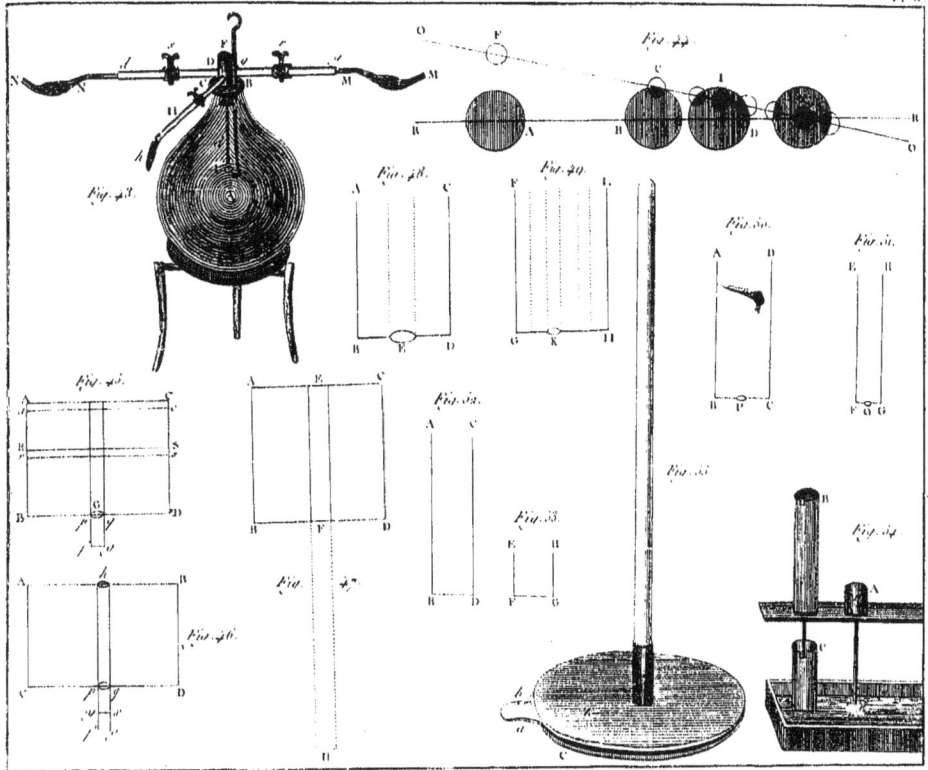

Pl. 5.

Fig. 43. Fig. 44. Fig. 48. Fig. 49. Fig. 50. Fig. 51. Fig. 45. Fig. 52. Fig. 53. Fig. 55. Fig. 54. Fig. 46. Fig. 47.

Bibliothèque

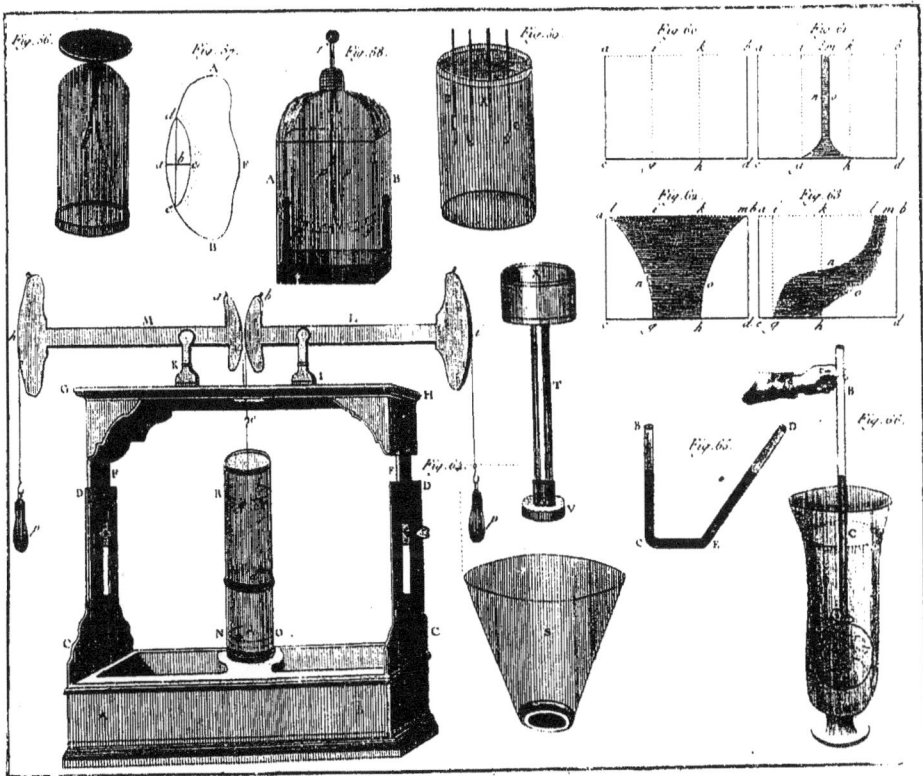

Fig. 56. Fig. 57. Fig. 58. Fig. 59. Fig. 60. Fig. 61. Fig. 62. Fig. 63. Fig. 65. Fig. 66. Fig. 64.

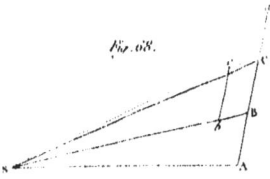

Fig. 68.

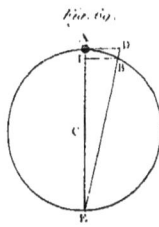

Fig. 69.

Fig. 70.

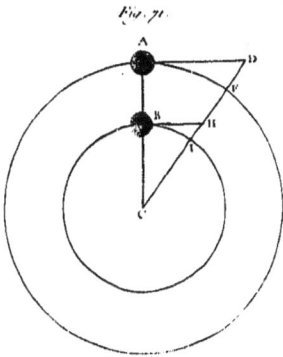

Fig. 71.

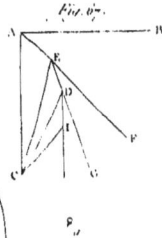

Fig. 67.

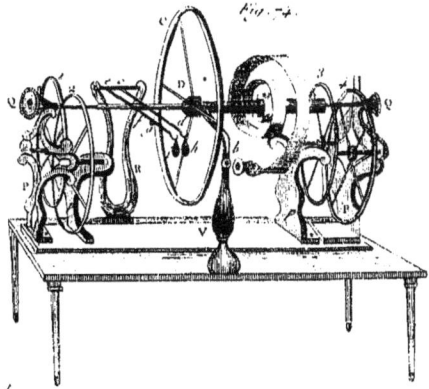

Fig. 74.

Fig. 72.

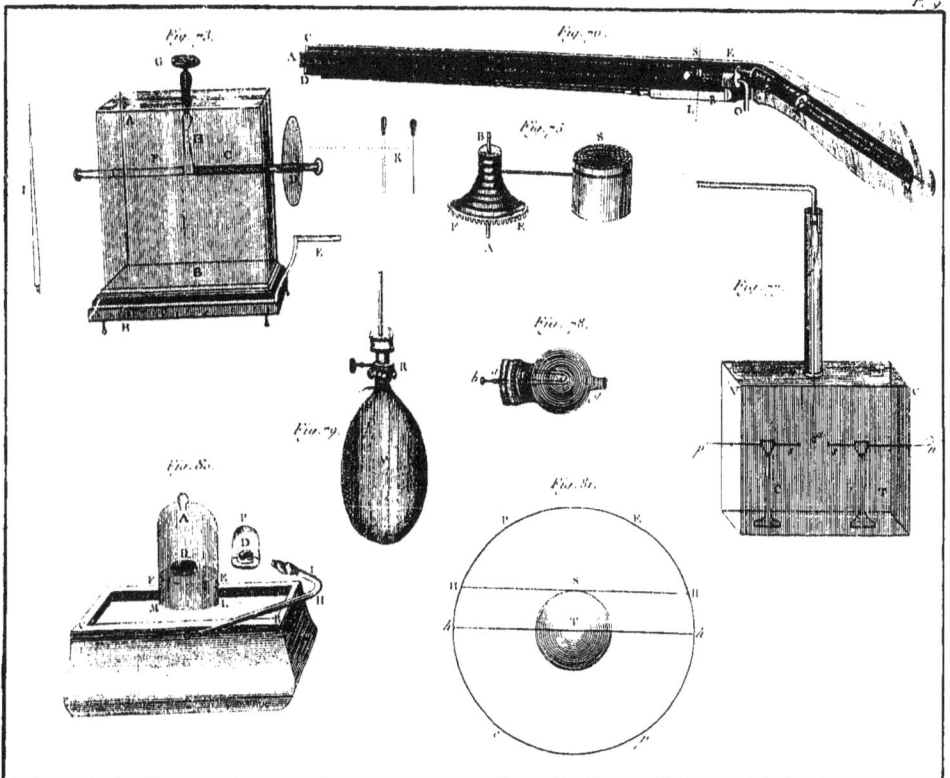

Pl. 5.

Fig. 3. Fig. 10.

Fig. 5.

Fig. 7.

Fig. 8.

Fig. 9.

Fig. 8.

Fig. 8.

Pl. 10.

Fig. 83.

Fig. 82.

Fig. 84.

Fig. 85.

Pl. 11

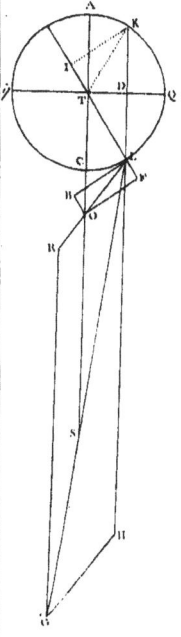

Fig. 86.

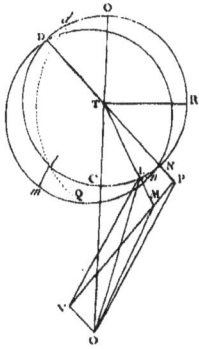

Fig. 87.

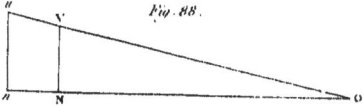

Fig. 88.

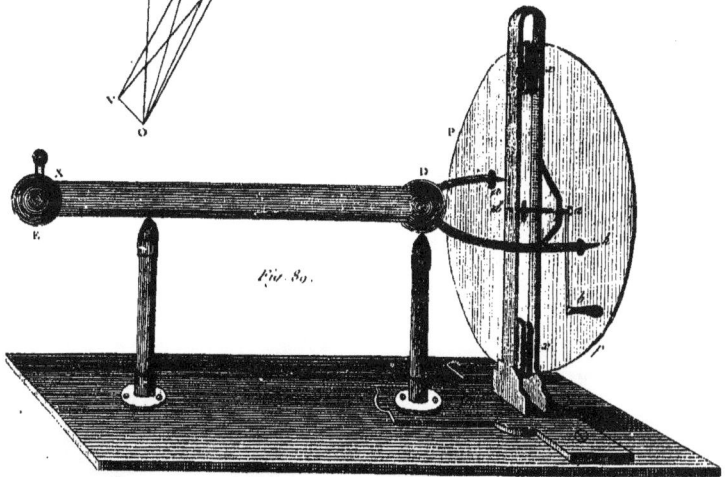

Fig. 89.

Pl. 13

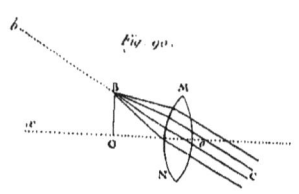

Fig. 90.

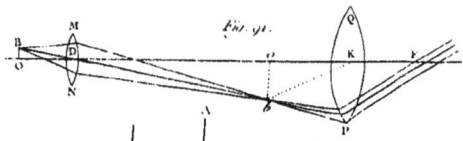

Fig. 91.

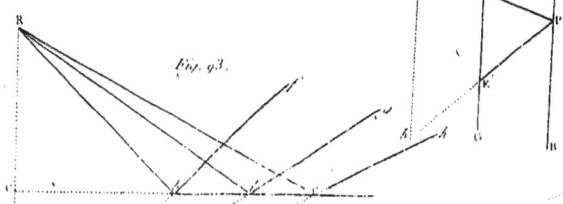

Fig. 92.

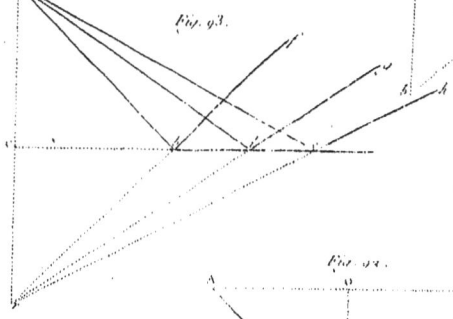

Fig. 93.

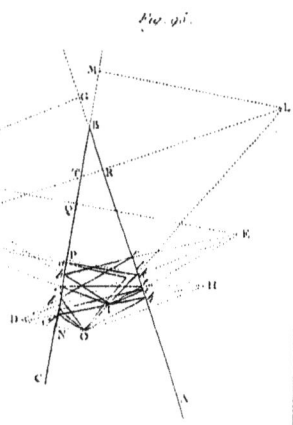

Fig. 95.

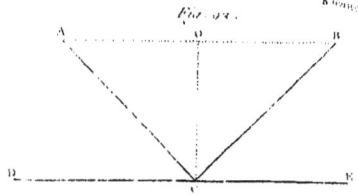

Fig. 94.

Pl. 13.

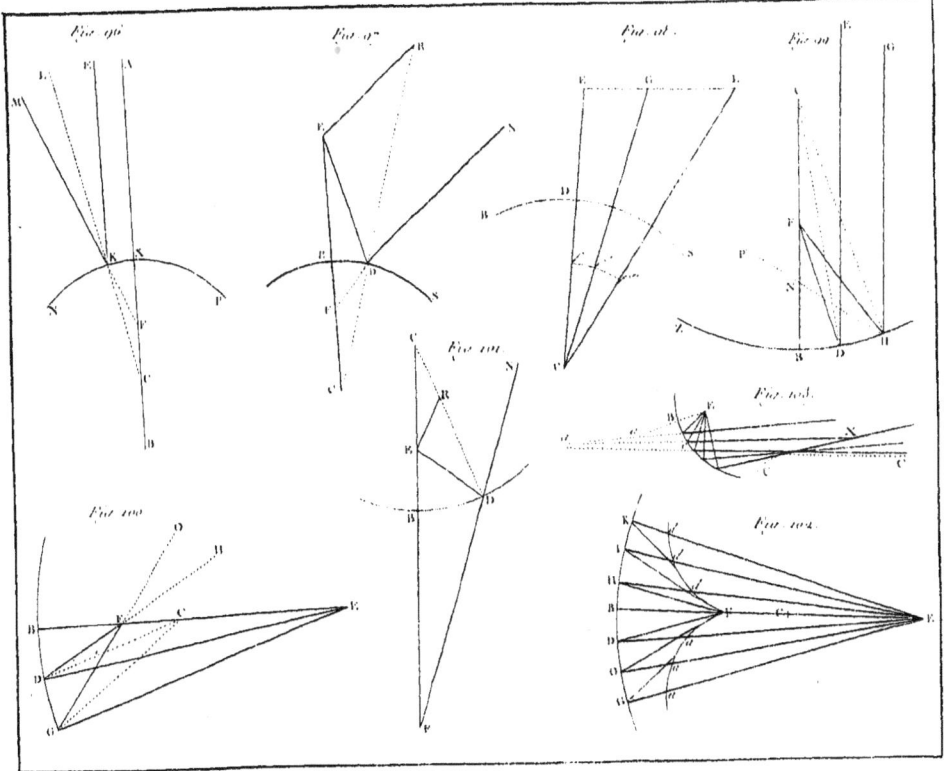

Pl. 14.

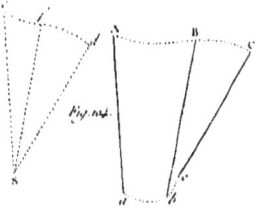

Fig. 104.

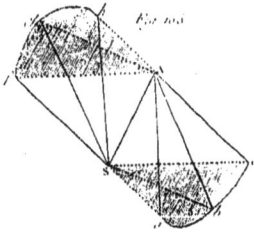

Fig. 105.

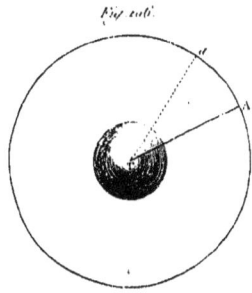

Fig. 106.

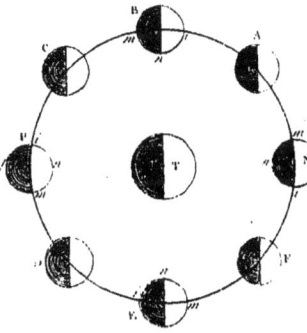

Fig. 107.

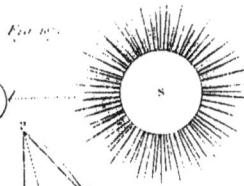

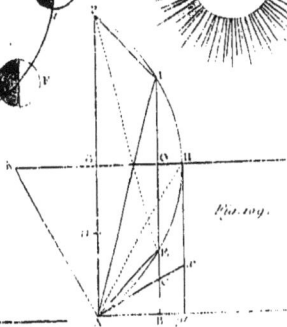

Fig. 109.

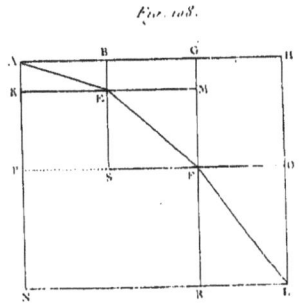

Fig. 108.

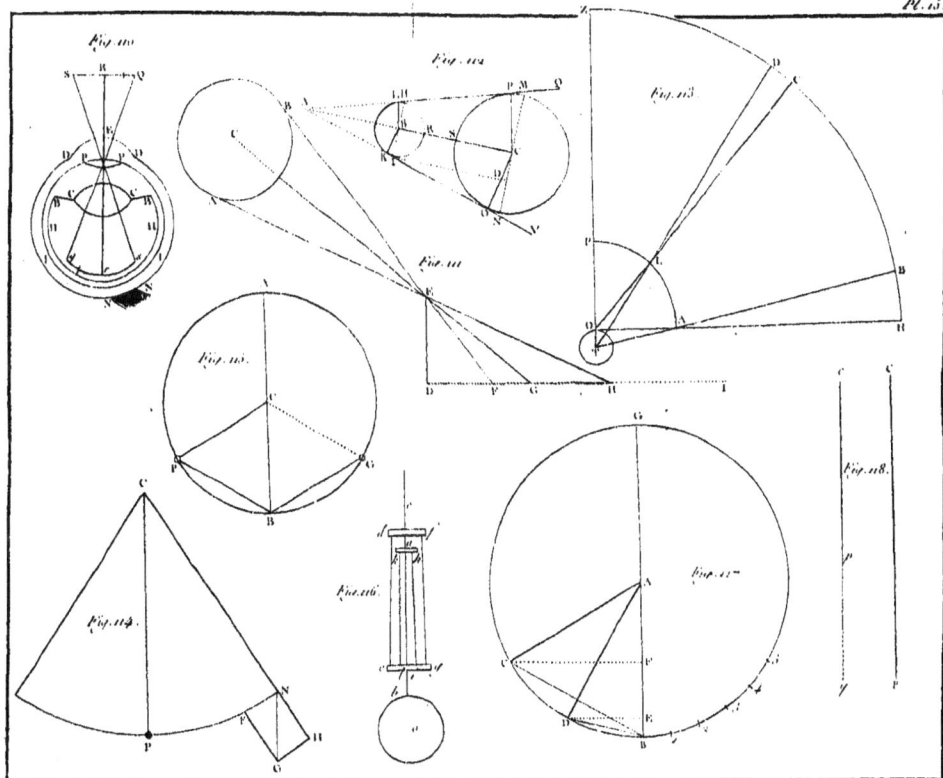

Pl. 13.

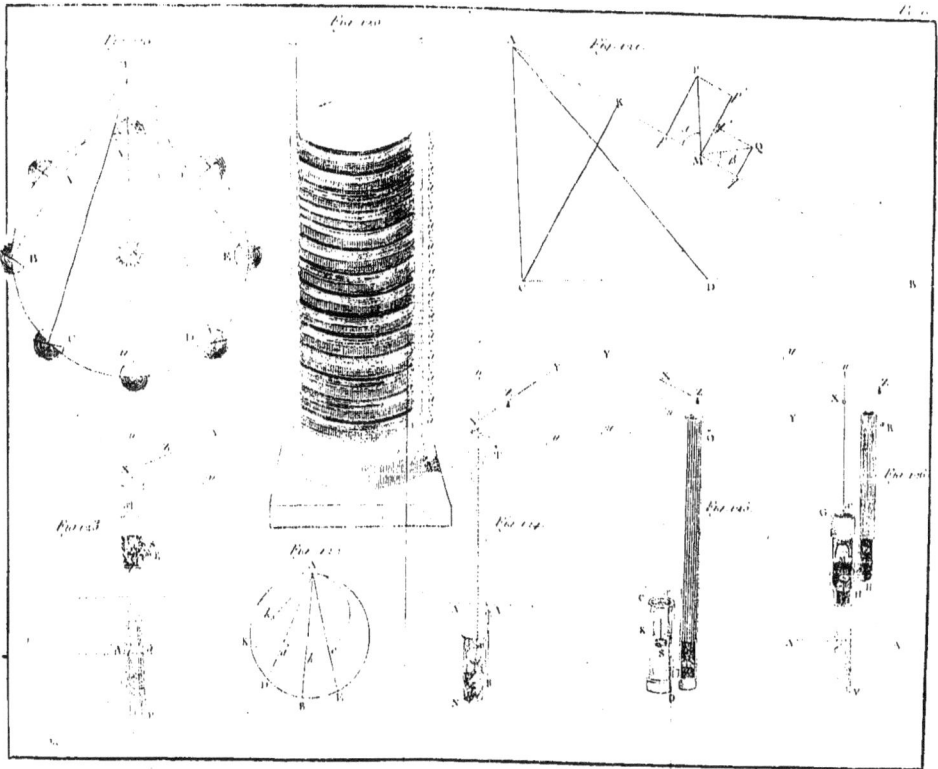

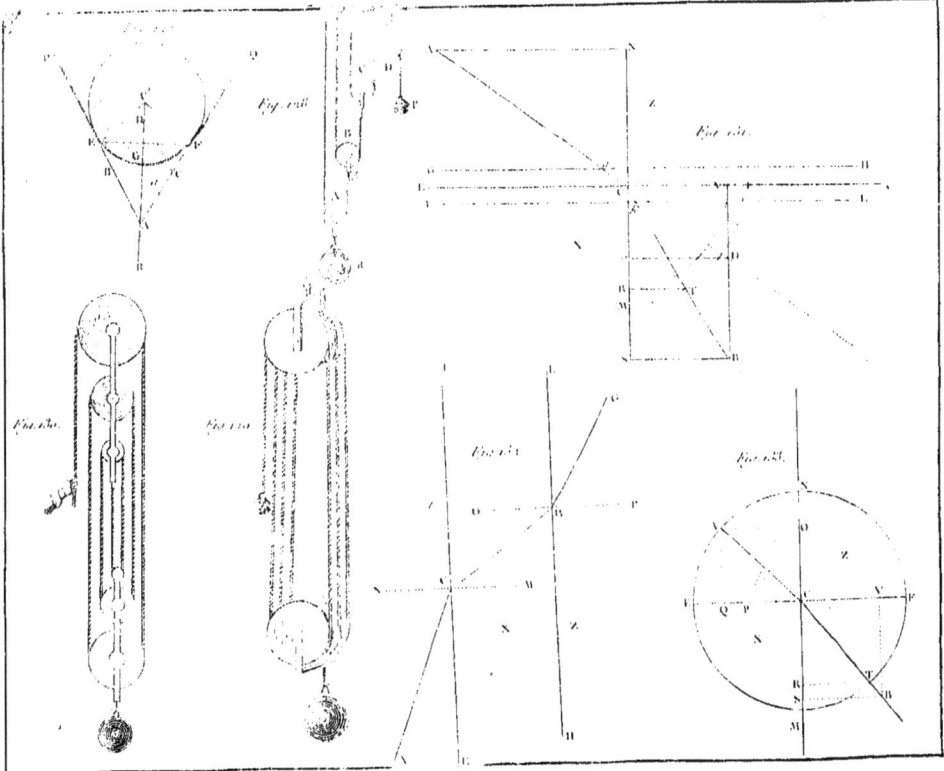

Pl. 8.

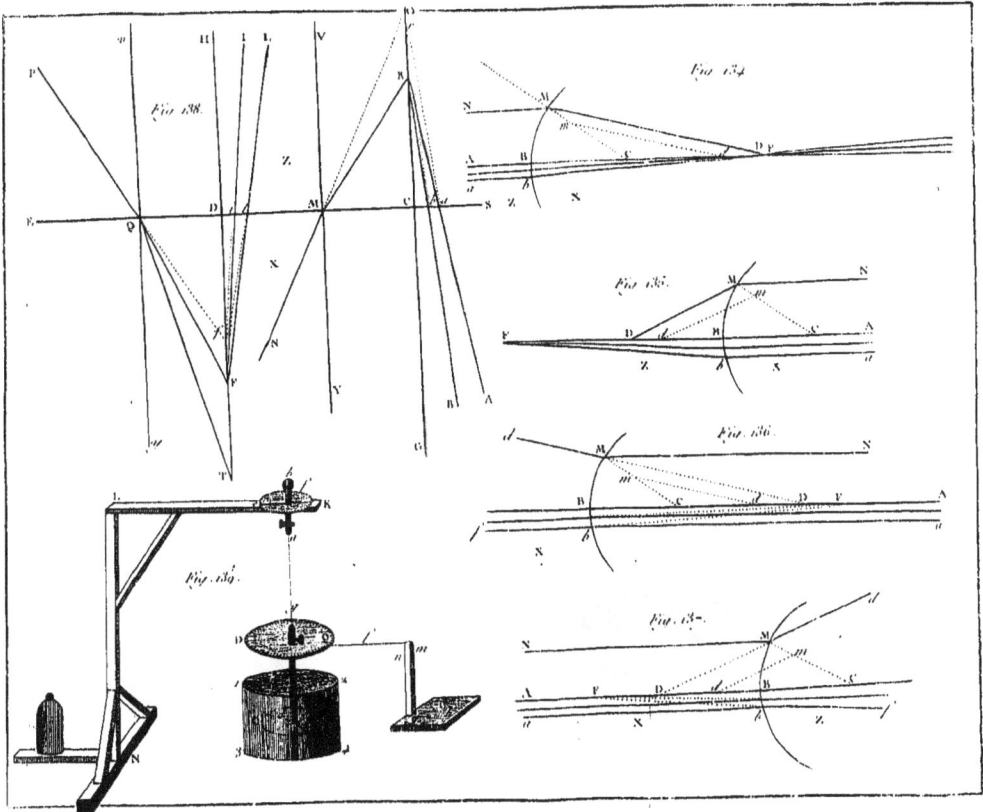

Fig. 138.

Fig. 134.

Fig. 135.

Fig. 136.

Fig. 137.

Fig. 139.

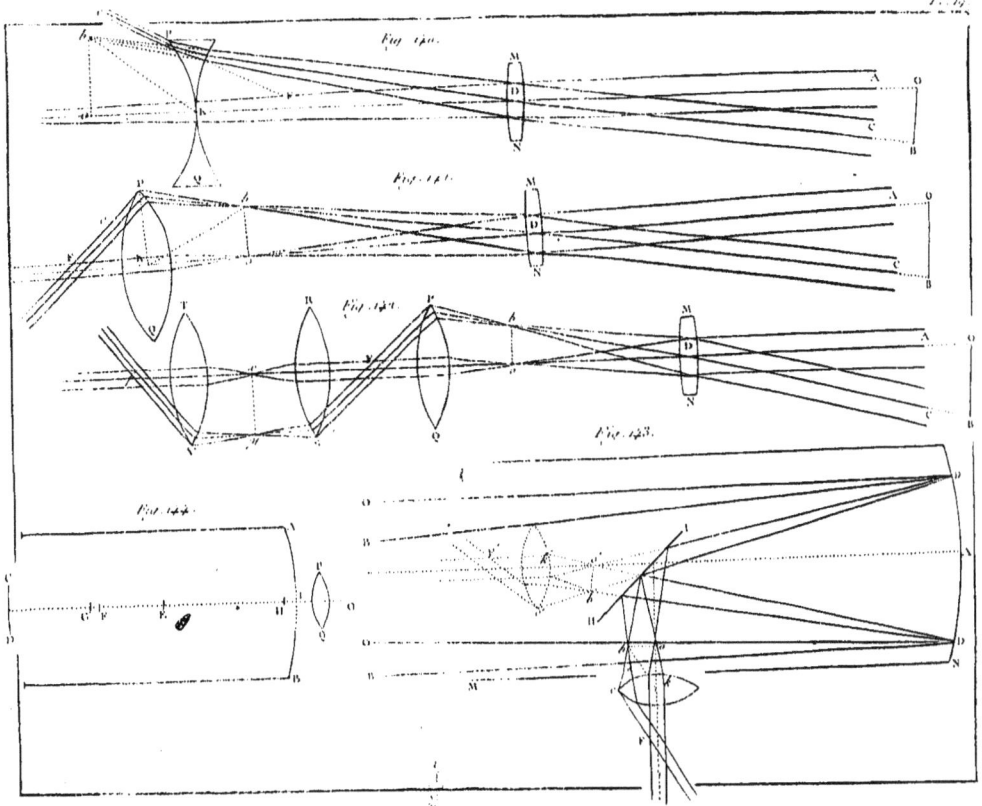

Fig. 140.

Fig. 141.

Fig. 142.

Fig. 143.

Fig. 144.

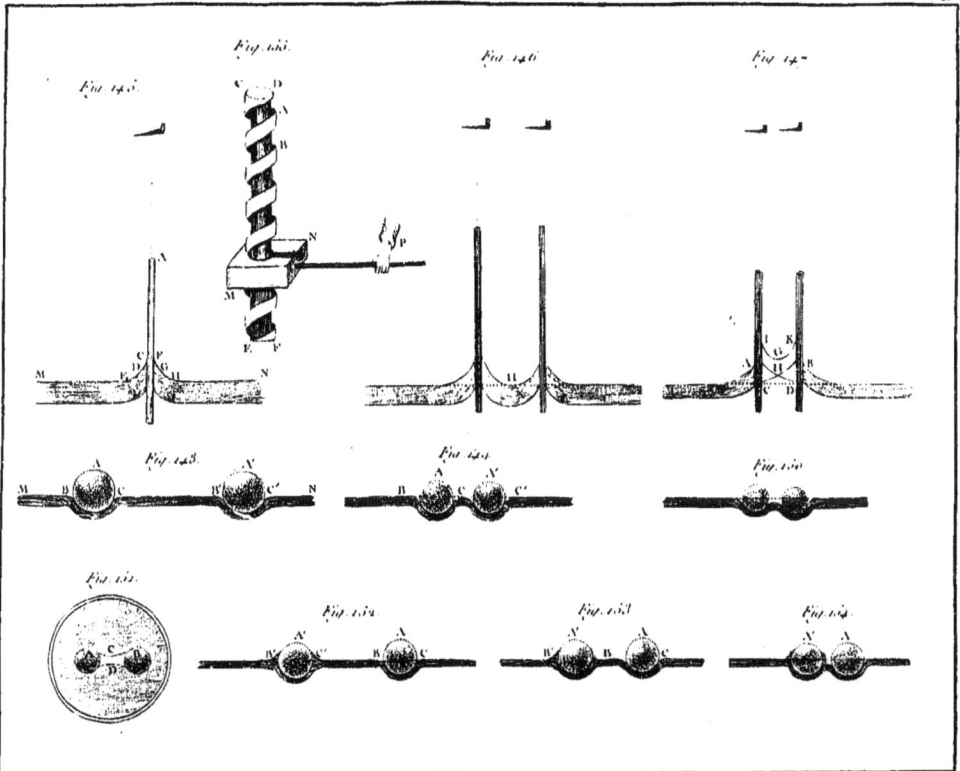

www.ingramcontent.com/pod-product-compliance
Lightning Source LLC
Chambersburg PA
CBHW060444210326
41520CB00015B/3833